Bibliografische Information der Deutschen Nationalbibliothek:

Die Deutsche Bibliothek verzeichnet diese Publikation in der Deutschen Nationalbibliografie; detaillierte bibliografische Daten sind im Internet über http://dnb.d-nb.de/ abrufbar.

Impressum:

Druck und Bindung: Books on Demand GmbH, Norderstedt Germany
ISBN: 9783638776974

Dieses Buch bei GRIN:

http://www.grin.com/de/e-book/1759/die-rolle-des-tourismus-fuer-die-laender-des-nahen-ostens-potentiale-und

Arthur Benisch

Die Rolle des Tourismus für die Länder des Nahen Ostens. Potentiale und Gefahren

GRIN Verlag

Geographisches Institut der Universität Heidelberg
Regionales Proseminar: Die Trockengebiete des Nahen Ostens
SS 2000

Referent: Arthur Benisch

Hausarbeit

Thema:

Die Rolle des Tourismus für die Länder des Nahen Ostens. Potentiale und Gefahren

Inhaltsverzeichnis

1. Einleitung

Die wirtschaftliche Bedeutung des Tourismus ist sehr groß vor allem für die Räume, die industriell gering erschlossen sind, und deren landwirtschaftliche Bedeutung sehr gering ist. Tourismus bringt Arbeitsplätze, Wohlstand und eine verbesserte Infrastruktur.

Da gerade die meisten Trockengebiete des Nahen Ostens durch geographische und klimatische Lage bezüglich der landwirtschaftlichen Bedeutung benachteilig sind, bietet sich durch den Tourismus die Möglichkeit an, die wirtschaftliche Situation zu verbessern.

Auch die Länder der Golfregion, deren Reichtum auf dem Vorkommen von Erdöl in den Wüsten aufbaut, mussten erkennen, dass die Bodenschätze langfristig nicht ausreichen, um die wirtschaftliche Stabilität zu garantieren. Daher bietet sich der Tourismus als die Zukunftseinnahmequelle an.

Trotzdem sollten die Gefahren des Tourismus nicht überschätzt werden, denn die Tourismusindustrie bringt viele Gefahren mit sich, wenn es potentielle und effektive Projekte fehlen. Bei einer Fehlentwicklung sind ökologische, ökonomische und kulturelle Probleme vorprogrammiert.

2. Die Tourismuswirtschaft/ Industrie in einigen Beispielländern des Nahen Ostens

Ägypten

Neben Gastarbeiterüberweisungen, Suezkanal-Gebühren und Erdöleinnahmen gehört der Tourismus zu den Hauptdevisenquellen des Landes. Die Branche ist jedoch für Krisen anfällig. So haben die Golfkrise 1990/91 sowie Anschläge fundamentalistischer Extremisten dem Tourismus zeitweise herbe Verluste zugefügt, die sich in den Jahren 1992 u. 1993 zwischen 700 und 800 Mio. Dollar bewegten. Dennoch haben die Investitionen nach der Hauptwelle der Anschläge (1992 bis 1994) wieder stark zugenommen. Über 3,9 Mio. Touristen besuchten 1996 Ägypten und brachten Einnahmen in der Höhe von etwa 3 Mrd. Dollar. Darunter waren 436.809 deutsche Besucher, die mit 11,2% den größten Anteil darstellen.

Regierungsvertreter rechnen mit rund 5,3 Mio. Besucher im Jahr 2000.

Die Gesamtsumme der Tourismusinvestitionen betrug 1995/96 1.489 Mrd. LE. Die Einnahmen aus der Tourismusindustrie erreichten im selben Zeitraum 11,2 Mrd. LE, mit einer Wachstumsrate von 26,9% gegenüber 1994/95.
Über 140.000 Menschen waren 1995/96 in der Tourismusindustrie tätig, d.h. 4000 Personen bzw. 2,9% mehr als 1994/95.
Die wichtigsten Tourismusarten in Ägypten werden in historischen Tourismus, religiösen Tourismus, therapeutischen Tourismus, Kulturtourismus, Sporttourismus, Safari- Tourismus, Erholungs- und Badetourismus sowie Konferenz- und Messetourismus untergliedert.

Ägypten zählt zu den ärmsten Ländern der Welt: der jährliche pro-Kopf- Umsatz liegt bei 625 US-$. Die Arbeitslosigkeit liegt bei rund 20%, die Inflationsrate bewegt sich offiziell bei knapp 10%, die Auslandsschulden belaufen sich nach etlichen internationalen Schulderlässen auf über 30 Mrd. US-$. Neben Israel gehört Ägypten zu den größten Empfängern amerikanischer Wirtschaftshilfe. (2,1 Mrd. US-$ pro Jahr. Deutschland steuert weitere 220 Mio. DM jährlich bei).
Dabei muss man festhalten, dass Ägypten nach dem Zweiten Weltkrieg noch ein potenter Kreditgeber war. (England stand damals mit 525 Mio. Pfund Sterling beim Königreich Ägypten in der Kreide).
Die unheilvolle arabischsozialistische Regierung brachte erst in den kommenden Jahren die ägyptische Wirtschaft durcheinander. Nach dieser Entwicklung verlangten schließlich der Internationale Währungsfond und die Weltbank zügige Wirtschaftsreformen von Ägypten mit Privatisierung verstaatlichter Betriebe. Doch angesichts der stetig wachsenden Bevölkerung kommt ein Teil der Reformen über den guten Vorsatz nicht hinaus. So werden seit Jahren etwa 55% bis 65% der Lebensmittel für jährlich über 4 Mrd. US-$ importiert; Getreide stammt zu 70% aus dem Ausland. Die ägyptische Hausfrau kauft oft Orangen aus Florida, weil die ägyptischen Früchte aus dem Niltal der Devisen wegen exportiert werden. Die Handelsbilanz weist einen Durchschnitt von 6 Mrd. US-$ auf.
Daher bleibt der Tourismus ein Hoffnungsträger der Wirtschaft, wobei es besonders auf der Halbinsel Sinai deutlich wird, was für eine wirtschaftliche Kraft dieser Dienstleistungsbereich besitzt. Der Tourismus und die moderne Technik machen den Sinai und die Rotmeerküste zu dem, was sie für Massen von Menschen mangels Infrastruktur nie waren: bewohnbar. Heute wird mit Hilfe von Pipelines und Tankern das fürs Überleben notwendige Wasser

herangeschafft. Täglich bringen Dutzende Lkws aus dem Nildelta die Lebensmittel, die auf dem Sinai und am Roten Meer niemals gedeihen oder produziert werden könnten.
Der Dienstleistungssektor, dessen Anteil am Bruttoinlandprodukt 37% beträgt, prägt die heutige ägyptische Wirtschaft. Einen zunehmend größeren Beitrag zum sich noch langsam entwickelnden Aufschwung sollen der Sinai und die Region Rotes Meer leisten. Beide haben als natürliches Kapital ganzjährigen Sonnenschein, ideale Voraussetzung für Tourismus in jeder Jahreszeit.
Schon heute bringen die mehr als 4 Mio. Touristen mit 24 Mio. Übernachtungen jährliche Einnahmen von über 3 Mrd. US-$ (Haushaltsjahr 1996/97). Die Besucher haben sich jedoch verändert, denn trotzt steigender Touristenzahlen sind die Einnahmen durch den Tourismus in den letzten fünf Jahren bedingt steigend. Die neuen Besucher ließen sich oft durch Dumping-Angebote anlocken und reisten mit kleinerem Urlaubsbudget an.

Im neuen Jahrtausend soll sich die Zahl der Touristen auf 8 Mio. verdoppeln. Mit dem Studientourismus alleine aber lassen sich keine nennenswerten Zugewinne mehr machen.
Der neue Trend, den Studienurlaub mit einem Badeurlaub zu verknüpfen, oder ausschließlich der Sonne und des Meeres wegen anzureisen, ohne kein einziges Monument zu besichtigen, lässt Ägyptens Tourismusminister hoffen.
Der Sinai und das Rote Meer sollen sich schon zu Beginn dieses Jahrhunderts in eine ununterbrochene kilometerlange Ferienanlage verwandeln. Die Grundstücke mit Meerzugang sind bereits zu 97% an Investoren verkauft oder zumindest mit Optionen belegt.
In den nächsten Jahren sollen allein im Sharm el Sheikh über 30.000 Touristenbetten bereitstehen; schon bei 8000 Hotelbetten im Jahr 1997 mussten Lkws und Tankschiffe den Hotels- trotzt einer großen Meerwasser-Entsalzungsanlage in Sharm el Sheik- Trinkwasser zum Kubikmeterpreis von 5 US-$ zuliefern.

Die Hoffnungen auf einen Devisenregen durch einen anhaltenden Urlauber-Boom werden verständlich, wenn man die wirtschaftliche Lage Ägyptens betrachtet, die einem auf dem Sinai oder am Rotem Meer nicht bewusst werden kann.
In den Hochburgen der Hotellerie tritt der Ägypter beinahe nur mehr in Gestalt von Bedienungspersonal in Erscheinung: Armut, wie sie den Rest des Landes prägt, gibt es hier kaum.

Quelle: „Das Schattenreich der Pharaonen“ aus Der Spiegel, Nr. 24 / 12.06.2000

Israel

Israel ist erst ein halbes Jahrhundert alt und damit offiziell eines der jüngsten Länder der Welt, jedoch gehen die Wurzeln seiner drei Hauptreligionen mehrere Jahrtausende zurück.
Israel ist ein schales klimatisch halbtrockenes Land an der südöstlichen Mittelmeerküste. Israels Geschichte begann vor ca. 3500 Jahren, als das jüdische Volk das Nomadenleben aufgab, sich im Land Israel ansiedelte und zu einer Nation wurde.
Besucher kommen schon seit dem 5. Jh. hierher, als das Heilige Land seinen Namen erhielt und erstmals christliche Stätten für Pilger errichtet wurden. Heute soll Israel pro Quadratkilometer mehr Besucherattraktionen als alle anderen Länder der Welt haben.
Auch wenn der größte Anteil der Besucher aus Pilgern besteht, zieht das Land auch Historiker und Archäologen an, und in jüngster Zeit auch Sonnenanbeter, Taucher, Wanderlustige, Vogelkundler und viele andere Arten von Besuchern.

Israel ist so kompakt, dass man in einer Woche eine bemerkenswerte Anzahl der unzähligen Sehenswürdigkeiten besuchen kann. So verbringt man in Israel hektische Urlaubstage voller neuer Eindrücke über die vielfältigen Kulturen, die in diesem Land aufeinandertreffen.
Die Israelis empfangen schon seit über 1500 Jahren Besucher, und beherrschen inzwischen die Kunst meisterhaft.

Der Tourismus ist eine wesentliche Einnahmequelle ausländischer Devisen. Archäologische und religiöse Stätten, Fremdenverkehrseinrichtungen und ein breites Spektrum an Erholungs- und Unterhaltungsaktivitäten ziehen ebenso wie die herrlichen Strände Touristen aus allen Teilen der Welt an.

Nicht nur private Investoren haben viel zur Förderung des Tourismus in Israel beigetragen, sondern auch die Regierung, denn Fremdenverkehr bringt nicht nur Devisen mit sich, sondern er ist auch ein wirksames Mittel, um die Beziehungen unter den Juden aller Länder enger zu gestalten und Verständnis für Israel in der Welt zu gewinnen.

Besucher (jährlich)			
1960	1970	1980	1998
114.000	419.000	1.065.000	2.101.000

Das Touristikministerium ist für die Förderung des Fremdenverkehrs und die Überwachung der einschlägigen Dienste zuständig. Diese Dienste sind zwar private Unternehmen, erhalten aber staatliche Anleihen und Zuschüsse.

Das Ministerium kümmert sich um die Anhaltung des weltweiten angepassten Standards bezüglich der Unterbringung und sonstiger touristischer Infrastruktur. So sind alle Hotels mit den üblichen Sternen versehen und entsprechend eingestuft. Aber auch bescheidene Unterkünfte wie Kibbuzim, Pilgerhospize und Jugendherbergen unterliegen der Aufsicht des Touristikministeriums.

Um mit dem ansteigenden Tourismus Schritt zu halten, werden im ganzem Land Hotels gebaut, Infrastruktur verbessert und verschiedene Projekte ausgearbeitet.

Das Ministerium kümmert sich auch um die Ausbildung der Fremdenführer, die erst nach Ablegung der Staatsprüfung in zur Branche zugelassen werden.

Auch alle anderen Dienstleistungen, die mit der Touristik zu tun haben, unterliegen dem Ministerium, wie z.B. Autovermietungsstellen, Restaurants oder Souvenirläden.

Wenn diese Stellen einem gewissen Qualitätsstandart entsprechen, erhalten diese das Prädikat:

„Für Touristen empfohlen“. Die Läden, die so geehrt wurden, hängen oft einen Schild aus, in dem auf diese Empfehlung hingewiesen wird.

Heute ist das traditionsreiche Land der Bibel zu einem modernen und lebenssprühenden Staat mit einem pulsierenden Geschäftsleben geworden. Im heutigen Israel befinden sich auf den einst unfruchtbaren Abhängen, Sümpfen und in der Wildnis der Wüste moderne Städte und Dörfer, blühende Bauernhöfe und grüne Wälder, High- Tech- Industrien und hochentwickelte Unternehmen. Die Vergangenheit hat jedoch keinen Rückzieher vor der Zukunft, so bewahrt nach wie vor Jerusalem, die Heilige Stadt und ewige Hauptstadt Israels, seine heilige Aura und begrüßt den unendlichen Strom von Pilgern aller Glaubensrichtungen.

Weite, saubere und sonnige Strände, moderne Städte und Hotels, Theater und Nachtclubs, Kurorte und farbenfrohe Märkte- die alle in kürzester Zeit zu erreichen sind, machen Israel zur einem Erlebnisland für Jeden.

Jordanien

Mit den Worten Ahlan Wa Sahlan (Willkommen im Haschsemitischen Königreich Jordanien) wird jeder, der sich mit diesem Land beschäftigt, früher oder später konfrontiert. Vergeblich sucht man nach ähnlich freundlichen Worten in Reiseführern oder Berichten und Reportagen anderer Länder.

Nach einem Aufenthalt in Jordanien weiß man, dass diese Begrüßung nicht Teil einer Marketing-Strategie des Tourismusministeriums ist, sondern Ausdruck allgemeiner Gastfreundschaft. Es gibt keine andere Region der Arabischen Halbinsel (mit Ausnahme des Emirats Dubai und Oman), in der man so frei, so angenehm reist, und in der ausländischen Besuchern so viel Freundlichkeit entgegengebracht wird.

Mehr als 40 Jahre regierte König Hussein sein Land und wies ihm den Weg aus politischer Isolation hin zu wirtschaftlichen Ordnung.

Auch wenn Jordanien ein Land des Korans ist, und dieser das öffentliche Leben bestimmt, ist der religiöse Fundamentalismus unter den sunnitischen Jordaniern eine Ausnahme. Toleranz gegenüber Andersdenkenden steht nicht nur in der Verfassung: sie wird auch tatsächlich praktiziert.

Für Jordanien wie auch für andere Länder der Region spielt der Tourismus eine bedeutende Rolle in der Wirtschaft und in der Entwicklung. Vor dem Sechs- Tage– Krieg war Jordanien dank seiner Souveränität über Ost- Jerusalem und Bethlehem Hüterin wichtigster heiliger

Stätten von Christenheit und Islam und konnte damit mit einem stetigen Strom von Pilgern rechnen.

Nach dem Verlust Jerusalems und der Westbank (1967) war das Land gezwungen, eine neue touristische Infrastruktur aufzubauen und die vernachlässigten transjordanischen Sehenswürdigkeiten im Bewusstsein westlicher Touristen zu verankern.

Jedoch trotzt der Freundlichkeit und der guten Vorsätze ist der Tourismus von der regionalen politischen Situation abhängig. Jede Krise oder Anzeichen einer Krise in dieser Region machen deutlich, wie anfällig die Tourismusbranche auf Außenfaktoren ist. Aus Angst, Unkenntnis oder aufgrund berechtigter Befürchtungen bleiben die Touristen aus. So war auch diese Situation bei der Golfkrise (1990/1991) eingetreten, als sogar ausländische Experten auf Weisung ihrer Botschaften das Land verließen.

Der größte Teil der Touristen (53,6%) kommt aus den Golfstaaten: diese Gäste wollen der heimischen Hitze entfliehen und lassen sich dazu nicht von der politischen Lage beeinflussen. In Europa und Amerika werden dagegen die gebuchten Reisen anlässlich von Irak- Krisen und Attentaten oder Entführungen von den potentiellen Pauschaltouristen storniert.

Die Investoren sind bezüglich der Entwicklung der Touristikbranche jedoch optimistisch eingestellt, daher beobachtet man seit 1994 (Friedensvertrag mit Israel) enormen Aufschwung der touristischen Infrastruktur. Die Experten befürchten, dass angesichts der ungeklärten Situation mit Irak und der instabilen Lage in den palästinensischen Gebieten der 1994 eingeleitete Ausbau der Kapazitäten um 12 000 Betten zu hoch berechnet wurde, weil die Touristenwelle wahrscheinlich ausbleiben wird, wenn sich die politische Situation nicht stabilisiert.

Oman

Bei dem Versuch, die Wirtschaft zu diversifizieren, ist seit Mitte der 80er Jahre auch der Tourismus als eine ölunabhängige Erwerbsquelle entdeckt und gefördert worden, um Devisen und Arbeitsplätze zu schaffen. Da das Land früher sehr abgeschlossen war und an Tourismus-Tradition mangelte, steht die Entwicklung erst am Anfang. Gegenwärtig trägt der Tourismus im Durchschnitt um 1% zum Bruttoinlandprodukt bei.

Um die Folgen des Massentourismus zu vermeiden, wird eine Selektionsstrategie verfolgt, um die wohlhabenden Touristen aus Europa, Asien und GCC-Staaten für sich zu gewinnen.

Es wurde eine notwendige und exklusive touristische Infrastruktur errichtet. Moderne Flughäfen werden in verschiedenen Teilen des Sultanats gebaut. Alle wichtigsten Städte und Regionen wurden durch moderne Straßennetze und Kommunikationssysteme verbunden.
Die Regierung versucht, den privaten Sektor an der Entwicklung zu beteiligen. So warten auf die Investoren günstige Kredite und Konditionen, außerdem hilft die Regierung bei der Vermarktung und leistet Unterstützung bei der Pacht von Grundstücken zur Errichtung von Tourismusprojekten. Alle Hotels sollen von dem privaten Sektor übernommen werden, das Bustan Palast Hotel ausgenommen, das auch als Gastpalast für offizielle Anlässe dient.
Im Jahr 1970 gab es nur ein kleines Hotel im Sultanat, und zwar in Muttrah. Bis zum Ende des Jahres 1990 war die Zahl auf dreißig angestiegen, wobei viele Hotels Fünf-Sterne-Standart besitzen. Außerdem gibt es auch Motels und Raststätten an strategisch wichtigen Punkten im Land.
1996 verfügte das Land über 50 Hotels und bis zum Jahr 2005 sollen etwa 10 000 Hotelzimmer zur Verfügung stehen.
Im Januar 1996 wurde das National Hospitality Institute eröffnet, um Omanis für die Hotellerie auszubilden.

Neben Oman gehören **Vereinigte Arabische Emirate, Jemen und Saudi- Arabien** zu den Orientländern, die einen wachsenden Zustrom ausländischer Touristen verzeichnen.
Auch in diesen Ländern besteht jedoch der Tourismus aus Konferenzzentren für Geschäftsleute, wobei sich in den letzten Jahren eine Art Luxushoteltourismus entwickelt hat. Strandhotels der gehobenen Kategorie bieten Badeaufenthalte mit Wassersportmöglichkeiten und Ausflügen in die Wüste oder Städte mit wertvoller und einmaliger Architektur an. Auch Rundreisen durch Arabien sind in jüngster Zeit ein absoluter Renner, denn der Mythos Orient bietet den Touristen eine unvergessliche Zeitreise.

3. Wirtschaftliche Bedeutung des Tourismus

Ausgleichsfunktion

Die Touristen geben Geld im Ausland für touristische Aktivitäten aus. Die Touristen-Aufnahmeländer werden durch den Devisenzufluss, den sie aus Reisen erzielen, in die Lage versetzt, importierte Industriewaren und landwirtschaftliche Produkte aus wirtschaftlich starken Ländern zu beziehen. Diese erkennbar wichtige Ausgleichsfunktion des Tourismus auf internationaler Ebene wird längerfristig sogar noch an Bedeutung gewinnen.

Beschäftigungseffekt

Der Reiseverkehr sorgt direkt und indirekt für eine ständige Zunahme der Arbeitsplätze. Laut Angaben des World Travel and Tourist Council sind weltweit 200 Millionen Menschen im Tourismus beschäftigt. Bis zum Jahre 2005 soll sich die Zahl auf 350 Millionen Beschäftigte erhöhen, so dass der Tourismus eine weltweit führende Rolle bei der Schaffung neuer Arbeitsplätze spielen wird. Die Anzahl der Arbeitsplätze schwankt von Land zu Land erheblich. Oft hängt die Beschäftigung von klimatischen und landschaftlichen Bedingungen ab. Arbeitsplätze an Touristenorten sind darüber hinaus saisonal begrenzt und damit Schwankungen unterworfen.

Multiplikatoreffekt

Ein weiterer Effekt, den der Tourismus erzielt, ist der sogenannte Multiplikatoreffekt. Tourismuseinnahmen in einem Land haben eine Auswirkung auf die Ausgaben anderer Branchen derselben Volkswirtschaft. Tourismuseinnahmen haben somit einen Multiplikatoreffekt auf das Volkseinkommen.

Ein Beispiel: Steigt die Nachfrage nach den Leistungen der Tourismusbetriebe eines Landes, so werden betreffende Unternehmen ihr Leistungsvermögen erhöhen, also z.B. weitere Hotels bauen, Personal einstellen usw. Die zusätzlich Beschäftigten verfügen dann ihrerseits über mehr Geld als zuvor. Dieses zusätzliche Geld werden sie wieder ausgeben, d.h. sie erhöhen nochmals die Nachfrage.

Dadurch folgt jeder Einkommenserweiterung eine Nachfrageausweitung, die wiederum zur Einkommensausweitung führt.

Deshalb erhöht sich das gesamte Volkseinkommen nicht nur um den Betrag der zusätzlichen Tourismuseinnahmen, sondern um einen höheren Wert.

Wertschöpfungseffekt

Die hohe Beschäftigungsrate der Tourismusindustrie erhöht das Volkseinkommen. Diese Erhöhung des Volkseinkommens bezeichnet man als Wertzuwachs einer Volkswirtschaft.

Der Einsatz der Produktionsfaktoren (z.B. Boden, Kapital, Arbeit) erzeugt Güter oder Leistungen. Wenn diese Güter oder Leistungen einen höheren Preis erreichen, als der Einsatz der Produktionsfaktoren gekostet hat, liegt Wertschöpfung vor.

4. Das System des Tourismus

Um die Entwicklungspotentiale und die Gefahren der Tourismusbranche in den Ländern des Nahen Ostens besser zu erläutern, wird hier eine kurze Übersicht des touristischen Gesamtsystems graphisch dargestellt:

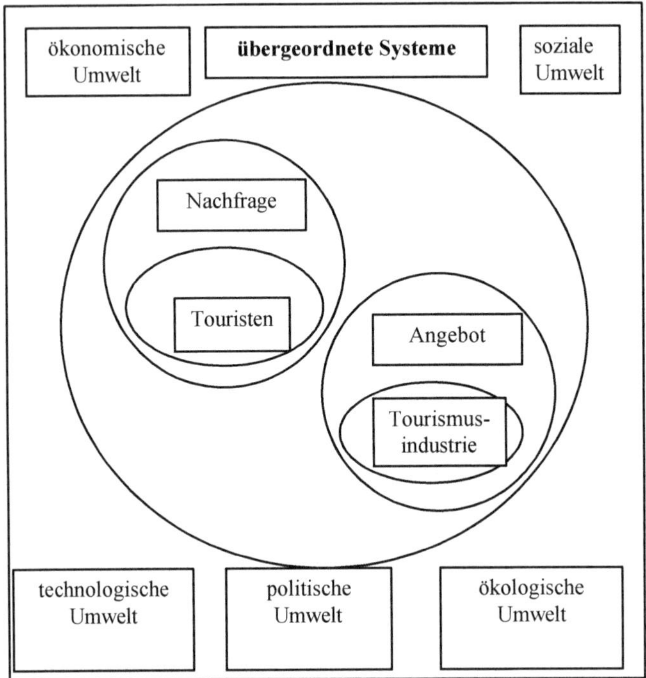

Quelle: Freyer, W. : Tourismus

Übergeordnete Systeme:

Ökonomische Umwelt:

Gesamtwirtschaftliche Aspekte beeinflussen in großem Ausmaß den Fremdenverkehr:

- Konjunktur und Wachstum
- Preisniveau, Währungssituation

- Beschäftigung und Arbeitslosigkeit
- Zahlungsbilanz
- Einkommensstruktur
- Steuern und Subventionen

Soziale Unwelt:

- Wohlstand
- Konsum
- Leistung
- Bildung
- Mobilität
- Bürokratie
- Freizeit

Technologische Umwelt

- Verkehrstechnik: Flugzeug, Auto, Bahn etc.
- Kommunikationsmittel: Telefon, Reservierungssysteme etc.
- Baumaschinen
- Chemische Industrie (neue Materialien) etc.

Politische Umwelt:

- Verkehrspolitik (Tarifpolitik, Autobahngebühren)
- Sozialpolitik (die Regelung von Ferienzeiten)
- Raum- und Ordnungspolitik
- Kulturpolitik (Wahrung von Sitten und Gebräuchen, Denkmalschutz)

Ökologische Umwelt:

- Nachhaltigkeitsprinzip
- Intakte Umwelt
- Erhaltung der natürlichen Ressourcen
- Massentourismusvermeidung

Zwei wichtige Bestandteile des touristischen Systems sind die Nachfrage und das Angebot.

Da die Menschen unterschiedliche Bedürfnisse und Motivationen haben, ist die Aufgabe der Tourismusindustrie, die touristische Nachfrage zu erforschen, um touristische Bedürfnisse gewinnbringend zu befriedigen.
Das Angebot ist die Gesamtheit der Tourismusindustrie, es besteht aus Teilbereichen anderer Industriezweige und ist deshalb schwer abgrenzbar. Bei der heutigen Entwicklung entspricht jedoch die Angebotpalette der Nachfragepalette, wobei beide sich gleich entwickeln und ständig erneuern.

5. Warum Naher Osten? Entwicklungspotentiale der Länder im Nahen Osten zu Touristenländern.

Gerade für Westeuropäer sind die Gebiete auf der arabischen Halbinsel interessante und neue Ziele, weil sie durch noch teilweise vorhandene Unberührtheit und Fremdheit den Mythos Orient näher bringen. Nur wenige Flugstunden bieten einen Einblick in eine fremde Welt mit Wüstenlandschaften, Trockenheit, einem anderen Glauben, einer anderen Sprache, Zeitrechnung, Geschichte, Architektur, Kleidung und Moral an.

5.1. Klima/ Wetter

Die Länder des Nahen Ostens liegen alle in trockenem und heißem Klima mit geringen Niederschlägen, heißem Sommer, sehr mildem Winter und sehr häufiger Dürrewahrscheinlichkeit, dennoch lassen sich bezüglich des Klimas zwischen den einzelnen Ländern dieser Gebiete gewisse Unterschiede feststellen.

<u>Beispiele:</u>

Israel hat lang anhaltende und warme Sommer (April- Oktober), in denen kein Regen fällt, und milde Winter (November- März). In hügeligeren Regionen wie in Jerusalem und Zfad ist das Klima etwas trockener und kühler. Relativ heftige Regenfälle fallen im Norden und im Zentrum des Landes, im nördlichen Negev sind die Niederschlagsmengen wesentlich geringer und in den südlichen Gebieten werden nur geringfügige Niederschlagsmengen gemessen. Je nach klimatischen Bedingungen unterscheidet man Regionen mit feuchten Sommern und milden Wintern in den Küstengebieten, trockenen Sommern und verhältnismäßig kalten Wintern in den Bergregionen, trockenen und heißen Sommern mit angenehm milden Wintern im Jordantal und dem das ganze Jahr gleichen, wüstenähnlichen Klima im Negev. Extreme Wetterunterschiede reichen von gelegentlichem Schneefall in den Bergregionen bis zu periodisch auftretenden, trockenen und heißen Winden, die einen starken Temperaturanstieg bewirken. Sonnenschein ist natürlich charakteristisch für Israel. Hier findet man praktisch das ganze Jahr über ideale Urlaubsbedingungen.

Durchschnittstemperaturen der Luft in °C in Israel												
	Jan.	Feb.	März	Apr.	Mai	Juni	Juli	Aug.	Sept.	Okt.	Nov.	Dez.
Jerusalem	10	12	15	18	20	22	26	28	26	25	17	14
Haifa	14	16	17	19	22	24	27	28	28	24	17	15
Eilat	16	17	17	23	26	31	33	32	30	28	24	18

Tabelle aus dem Reisejournal: „Israel im Jahre 2000 A.. D.“. Staatliches Israelisches Verkehrsbüro

Durchschnittstemperaturen des Wassers in °C in Israel												
	Jan.	Feb.	März	Apr.	Mai	Juni	Juli	Aug.	Sept.	Okt.	Nov.	Dez.
Mittelmeer	18.0	17,5	17,5	18,5	21,5	25,0	28,0	29,0	28,5	27,0	23,0	19,0
See von Genezareth	17,0	15,0	16,5	21,0	24,5	27,0	28,5	29,5	29,5	27,5	24,0	21,.5
Totes Meer	21,0	19,0	21,0	22,0	25,0	28,0	30,0	30,5	31,0	30,0	28,0	23,0
Rotes Meer	22,0	20,0	21,0	21,5	24,0	25,0	26,0	27,0	27,0	26,0	25,0	24,0

Tabelle aus dem Reisejournal: „Israel im Jahre 2000 A.. D.“. Staatliches Israelisches Verkehrsbüro

Jordanien ist an der Küste durch ein mittelmeerisches Klima, im Landesinneren dagegen durch kontinentales Wüstenklima geprägt. In den Sommermonaten (zwischen Mai und Oktober) ist es im ganzen Land heiß und trocken. Im Hochsommer (Juni bis August) kann die Quecksilbersäule tagsüber auf über 40 °C ansteigen, das Temperaturmittel liegt bei etwa 25-30 °C. In den Nächten kühlt es insbesondere in der Wüste merklich ab. Im Winter können in den höheren Lagen des Landes, wie beispielsweise in Petra, die Temperatur unter den Gefrierpunkt fallen und Schnee liegen. Während es am Westabhang des Jordangrabens vom November bis April zu Niederschlägen (bis zu 500 mm p.a.) kommen kann, bleiben die Wüstengebiete im östlichen Landesinneren oft über Jahre niederschlagsfrei. Im dazwischenliegenden Gebiet, dem Hochplateau, das vom Roten Meer auf durchschnittlich 900, maximal 1700 Meter ü NN ansteigt und dann östlich der Linie Amman - Ma'an in

Wüstensteppe übergeht, fallen die ersten Regen meist im November/Dezember; besonders niederschlagsreich mit oft mehreren Regentagen hintereinander sind die Monate Januar und Februar. Während unserer Frühlingsmonate März und April regnet es dann nur noch selten. In Aqaba, am Roten Meer, erreichen die Temperaturen im Sommer bis zu 45 °C. Die Winter sind dagegen angenehm mild, so dass noch im Januar gebadet werden kann.

Klima in Jordanien- Die genauen Klimadaten von Amman												
	Jan.	Feb.	März	April	Mai	Juni	Juli	Aug.	Sept.	Okt.	Nov.	Dez.
Durchschnittliche Temperatur in °C	12,6	13,7	17,7	22,5	28,2	30,7	31,9	32,5	30,9	27,6	20,9	14,9
Sonnenstunden pro Tag	6,3	7,5	9,6	10,2	11,4	13,7	13,8	12,9	12,0	9,9	8,0	6,2
Regentage	11	10	7	4	1	0	0	0	0	2	5	7

Tabelle aus Merian Jordanien Reiseführer. Gräfe und Unzer Verlag (2000).

Ägypten hat teils subtropisches Klima, teils Wüstenklima. Der nördliche Teil des Landes hat ausgesprochenes Mittelmeerklima, nur hier kann man von Jahreszeiten sprechen. Der Süden des Landes hat zwei Jahreszeiten, eine relativ kühle (mit jedoch hohen Mittagstemperaturen) und eine heiße Jahreszeit. In den Wüstengebieten verzeichnet man große Unterschiede zwischen Tages- und Nachttemperaturen. Die angenehmste Jahreszeit sind die Monate Oktober bis April, und vor allem Dezember bis Februar; die Mittagstemperaturen liegen selten über 25 °C, die Nächte sind kühl (10 °C, teils noch weniger). Ab Ende April wird es heiß mit Tagestemperaturen in Kairo von über 35 °C (40-45 °C mit hoher Luftfeuchtigkeit keine Seltenheit), ab Luxor und weiter südlich und in den Wüstengebieten von über 40 °C, an der Mittelmeerküste von 30-35 °C. Die Nachttemperaturen liegen von Ende April bis September selten unter 20 °C. Die Luftfeuchtigkeit ist mäßig.

	Alexandria	Kairo	Luxor	Assuan	Hurghada
In°C	min/maxi	min/maxi	min/maxi	min/maxi	min/maxi
Januar	9/18	9/19	5/23	8/24	10721
April	14/24	14/28	16/35	18/35	16/26
Juli	23/30	22/35	24/41	25/41	25/33
Oktober	18/28	18/30	18/35	19/37	20/29

Quelle: Internet; www.aegypten-online.de/land.htm

Das Sultanat Oman kann grob in drei Klimazonen eingeteilt werden. Im Küstenbereich des Nordens, also auch in Masqat, herrscht subtropisches Klima. Die Sommer sind sehr heiß mit hoher Luftfeuchtigkeit, im Winter herrschen dagegen tagsüber sehr angenehme Temperaturen um die 25°C. In dieser Zeit fallen allerdings auch die meisten Niederschläge, die oft in großen Flutwellen zu Tal rasen. In Zentraloman mit seinen weiten Wüsten und Geröllllandschaften überwiegt trockenes Klima, das in den Sommermonaten durchaus 50°C erreichen kann und generell sehr niederschlagsarm ist. Und schließlich im Süden liegt die Dhofar- Region. Von Juni bis September liegt sie im Einflussbereich des *khareef*, des Süd- west-Monsuns. Dieser beschert ihr ein tropisches Klima. Ab Oktober herrscht dann wieder Sonnenschein, die Tageswerte steigen auf etwa 30°C, das Meer beruhigt sich (in der Monsunzeit ist das Baden verboten) und ist angenehm warm. Die für Europäer am besten geeignete Reisezeit ist daher vom Oktober bis Anfang April.

Diese warmen Temperaturen, die fast 360 Tage Sonne, die immerzu warmen Meere und das milde Klima in den Wintermonaten stellen ein natürliches Kapital für einen Tourismus dar, der als Einnamequelle immer wichtiger wird.

5.2. Landschaften, Meer und Strände

Israel, knapp 4 Flugstunden von Deutschland entfernt, ist ca. 470 km lang und an seiner breitesten Stelle nur 135 km breit.

Dieses kleine Land bietet die gesamte topographische Vielfalt eines ganzen Kontinents an: von dem bewaldeten Hochland und den fruchtbaren grünen Tälern zu Gebirgswüsten, von der Küstenebene bis zu dem semitropischen Jordantal und dem Toten Meer, dem tiefsten Punkt der Erde. Allerdings ist fast 50% des Landes Trockengebiet.

Man kann wählen, ob man lieber in einem der über 120 Naturschutzgebiete wandert, interessante geschichtliche Orte besucht, es sich lieber am Strand gemütlich macht, sich in das Nachtleben von Tel Aviv und Haifa stürzt oder aber alles zusammen in einem abwechslungsreichen Urlaub miteinander kombinieren will.

In Israel gibt es sehr weite Sandstrände, die hinter malerischen Dünen ideale Bedingungen für erholsame Tage anbieten. Die meisten Strände sind dabei von Rettungsschwimmern überwacht, die sich nicht nur um die Sicherheit kümmern, sondern auch jederzeit gerne bereit sind, bei evtl. Fragen weiterzuhelfen. Praktisch jeder Israeli spricht Englisch.

Auf keinen Fall sollte man einen Abstecher zum Toten Meer verpassen. Es ist ja nun schon ein Klassiker, aber man muss selbst erlebt haben, wie stark der Auftrieb in dessen charakteristischem Salzwasser ist. Die Mittelmeerküste entlang gibt es zwischen Rosh Hanikra und Ashqelon viele schöne Badestrände. Ein wahres Tauchparadies findet man im Roten Meer. Dort ist allerdings auch die Tourismus-Industrie stark vertreten. Wer gerne in Süßwasser badet, findet rund um den See Genezareth zahlreiche Strände.

Auch **Jordanien** besteht zum größten Teil aus Wüsten- und Steppenlandschaften. Das Wadi Rum ist Jordaniens größte und prächtigste Wüstenlandschaft. Außerdem ist Jordanien durch zahllosen Tälern von überwältigender Schönheit gekennzeichnet: von den messerscharfen Dünen des Wadi Arabah bis zum Wadi Mujib, einem Naturschutzgebiet und zugleich Jordaniens Antwort auf Grand Canyon. Im Frühjahr bringen die Regenfälle die Wüstenhügel zum Ergrünen, die sich mit über 2000 Arten bedecken. Im Gegensatz zu den Wüstengebieten ist das Jordanbecken fruchtbar und in ständigem Wandel. Neben den Stränden am Toten Meer ist die Stadt Aqaba sehr geschätzt als Jordaniens Fenster zum Meer. Die sandigen Strände und die Korallenriffe sind die unverdorbensten am Roten Meer, und die Jordanier hoffen, sie durch sorgfältige Planung zu bewahren.

Die Landschaften des Sultanats **Oman** sind sehr verschieden und bieten manche Überraschungen an, die man niemals in einem Wüstenland vermuten würde. Nordoman wird vom Hadjargebirge beherrscht, einem Paradies für Geologen. Hier sind fast alle Phänomene der Erdgeschichte offen zugänglich wie zum Beispiel die Ozeanische Kruste, welche sonst tief im Erdinneren verborgen liegt. Im Westen wird das Land von der großen Zentralarabischen Wüste begrenzt. Sie bedeckt ein Viertel der Arabischen Halbinsel und ist kaum besiedelt. Zwischen dem Hadjargebirge und Südoman erstreckt sich eine 800 Kilometer lange, plane Kieswüste. Der Süden Omans, die Region Dhofar, ist eine Welt für sich. Auf der trockenen Ebenen steigt die Landschaft zum knapp tausend Meter hohen Dhofar- Gebirge an. Dieses Kalksteinmassiv bricht zur Küste hin in eine weite Ebene ab, an deren Rand lange, palmengesäumte Sandstrände verlaufen. Vom Juni bis August verwandelt der Südwest- Monsun die Region in ein tropisches Paradies.

Auch die anderen Länder des Nahen Ostens bieten ähnliche Wüstenlandschaften an, die je nach Lage in Gebirge oder in vielfältige Täler mit verschiedenen Farben und Strukturen übergehen. Neben den Oasen in den Wüsten bietet zum Beispiel der Nil in Ägypten unterschiedliche Landschaften mit reicher Vegetation an. Der Nil wird auch daher vor allem für Nilkreuzfahrten an schönen Landschaften und archäologischen Sehenswürdigkeiten genutzt. Alle Länder im Nahen Osten haben einen mehr oder weniger großen Zugang zum Meer, je nach Lage zum Mittelmeer, Roten Meer, Arabischen Meer oder Toten Meer. Diese Tatsache ist auch von großer Bedeutung für die Touristik, denn so bietet sich die Möglichkeit an, neben religiösem, kulturellem und Bildungstourismus, den Bade-, Sport-, und Erholungstourismus zu betreiben.

5.3. Kultur, Städte und Freizeit

Im Nahen Osten begegnet man einer jahrtausendalten und fremden Kultur, mit einer eigenen Religion, einer eigenen Lebensweise und eigenen Werten, wobei auch hier man kleine aber feine Unterschiede findet, denn je nach Land und Einstellung der Einheimischen gegenüber den Fremden kommt es zu Vorurteilen, Missverständnissen und Klischees.

Die Kultur und Traditionen in vielen Bereichen wurden in diesen Ländern bis zu der heutigen Zeit bewahrt. Die Gäste werden mit viel Freundlichkeit und Gastfreundschaft empfangen, deshalb sollte man sich nicht wundern, wenn man plötzlich auf der Strasse oder einem der zahlreichen Bazare zu einer traditionellen Tasse Tee oder zum gemeinsamen Rauchen einer Wasserpfeife eingeladen wird.

Essmöglichkeiten sind im Nahen Osten hervorragend, weil die Gerichte entgegen der Vermutung sehr abwechslungsreich und sehr sind. Hierbei sollte man nicht außer Acht lassen, dass diese Region in der Antike die wichtigsten Verbindungstrassen zwischen Nordafrika, Mittelmeerraum und Asien besaß, auf denen Gewürze, edle Stoffen, Ideen und Erfindungen transportiert und ausgetauscht wurden. Auf diese Weise konnte sich eine reiche Kultur voller Gegensätze entwickeln.

Noch heute gibt es viele Städte aus der einst ruhmreichen Zeit, die noch imposante Bauwerke des Islams und des Orients beherbergen. Dazu kommen noch die Länder Israel und Jordanien, in denen Stätten der Weltreligionen (Christentum, Judentum und Islam) sich vereinen und, die einen Strom von Pilgern heute genauso wie vor Jahrhunderten anlocken. Die Pyramiden und Tempelanlagen in Ägypten gehören zu den Weltwundern und sind auf jeder Reise nach Ägypten ein Muß. Für den Nachschub mit archäologischen Stätten ist schon seit den neuesten Entdeckungen in der ägyptischen Wüste gesorgt. In den letzten Jahren wurde in der abgelegenen Oase Bharija das Tal der goldenen Mumien entdeckt. Aus historischer und kultureller Sicht ist das eine Sensation sowie eine Zukunftsattraktion der Tourismusbranche.

In Arabien zählen vor allem die Wüstenschlösser, Festungen und Wehrtürme zu den Anziehungspunkten für die Touristen. Vor allem in Oman wird durch die Anzahl und die Verschiedenheit der vielen Bauwerke der hohe Standart der osmanischer Architektur deutlich. Einige der Wüsten oder Felsenstädte wie zum Beispiel die Stadt Petra, aber auch einzelne Bauwerke im Nahen Osten wurden durch die Organisation UNESCO zur Weltkulturerbe gekrönt.

Es gibt unzählige Sehenswürdigkeiten und Reiseziele, die sich vor allem nach den unterschiedlichen Nachfragen richten, so bleibt es dem Gast selbst überlassen, welches Land oder Region er für seinen Urlaub wählt.

5.4. Sport, Gesundheit und Entspannung

Nachfolgend findet man einige der Möglichkeiten, die die Urlaubsländer des Nahen Ostens anbieten können: Angeln, Drachenfliegen, Fallschirmspringen, Strandtennis, Klettern, Mountainbiking, Paragliding/Sailing, ausgedehnte Radtouren, Reiten (auch auf Kamelen), Segeln, Surfen, Tauchen, Wandern, ...

Durch die Tatsache, dass der Tourismus sich teilweise noch im Anfangstadium befindet, wurde besonders viel Wert auf die Ökologie gelegt, um die Folgen des Massentourismus zu verhindern. Daher findet man in den einzelnen Ländern wie z.B. Jordanien oder Oman viele Formen von Ökotourismus, die hauptsächlich aus Wander- und Fahrradtourismus bestehen.

Die Wüsten eröffnen neue, aufregende Freizeitmöglichkeiten: Kamelrennen, Dünenfahrten, Grillabende im Stil der Beduinen oder „wadi- bashing“, den beliebten Sport, ausgetrocknete Flussbetten mit Allradfahrzeugen zu bezwingen. Aber auch Wüstensafaris oder Ausflüge mit Übernachtungen in den Oasen gewinnen immer mehr an Popularität.

Auch die Wassersportmöglichkeiten an den Stränden sind in großer Zahl vertreten. Die Hauptattraktion bietet vor allem das Rote Meer an, wo sich in letzter Zeit der Tauch- und Schnorcheltourismus sehr stark entwickelt hat. Das Rote Meer bietet eine der schönsten Unterwasserwelten der ganzen Erde an, reich an verschiedenen Riffen mit einem breiten Spektrum an Korallen und Fischen.

Kur und Gesundheit

Am Toten Meer lassen sich durch das weltweit einmalige Heilklima Psoriasis, Neurodermitis, Rheuma und Asthma mit gutem Erfolg behandeln. Das Wasser des Toten Meeres ist weithin für seine gesundheitsfördernden Eigenschaften bekannt, so stellt es bei diversen Hautkrankheiten auch oft die einzige Möglichkeit dar, zumindest zeitweise Besserung zu bewirken. Man findet rund um das Tote Meer Kurzentren, Hotels und Kliniken. Durch die tiefe Lage, (400 Meter unter dem Meeresspiegel) ist die Luft mit 10 % mehr Sauerstoff angereichert als an irgendeinem anderen Punkt der Erde. Durch die trockene Luft kommt es zu starker Verdunstung, so ist auch die Luft mit Bromid angereichert, das in besonderem Maße zur Entspannung des Nervensystems beiträgt.

Seit Jahrtausenden bekannt sind die Quellen von Tiberias in Israel, die mit ihrem hohen Anteil an Schwefel-, Kaliumchlorid- und Kalziumsalzen erfolgreich gegen rheumatische Leiden vorgehen und eine große Erleichterung den Kurtouristen verschaffen. Aber auch ohne Leiden machen die Quellen einfach einen Riesenspaß.

5.5. Verkehr

Die Infrastruktur hat sich in den letzen Jahren sehr stark verbessert, dazu hat eben auch die Entwicklung der Tourismusbranche beigetragen. So sind vor allem die wichtigen und großen Städte mit einem gut ausgebauten Verkehrsnetz verbunden worden. Auch die Küstengebiete besitzen eine gute Infrastruktur der Verkehrsnetze. Diese Entwicklung spielt eine besondere Rolle vor allem für den Gruppenreisen-, Rundreisen-, und Individualtourismus.

5.6. Kosten

Abgesehen vom in manchen Gebieten gar verbotenen Alkohol ist der Nahe Osten sehr günstig. Die Hotels sind (bis auf Arabien) im Nahen Osten in allen Preisklassen vertreten, so dass man auch mit wenig Geld ein gutes Preis- Leistungsverhältnis findet. Die Länder Ägypten, Jordanien oder Israel findet man außerdem in mehreren Reiseprospekten mit günstigen Pauschalreisen. Seit sich die politische Situation einigermaßen stabilisiert hat, fliegen immer mehr Fluggesellschaften die Häfen im Nahen Osten an, so sind auch die Flugtickets immer günstiger.

Nebenkosten (umgerechnet in DM)				
	Jordanien	**Israel**	**Ägypten**	**Oman**
1 Tasse Kaffee	0,50 – 2,00	2,00 - 3,00	1,00 – 2,00	Ab 2,50
1 Bier	2,00	5,00	5,00	Ab 5,00
1 Cola	0.50 – 1,50	1,00 – 3,00	1,00 – 2,00	2,00 – 3,00
1 Brot (ca. 500g)	0,80	1,50	1,00	1,50
1 Schachtel Zigaretten (einheimische)	2,80	3,50	1,80	3,00
1 Liter Benzin	0,75	0,90	0,80	0,60
Fahrt mit öffentlichen Verkehrsmitteln (Einzelfahrt)	0,25	0,50	0,50	0,50
Mietwagen/ Tag	Ab 60,00	Ab 80,00	Ab 75,00	Ab 60,00 bis 80,00

Tabelle erstellt nach Angaben verschiedener Reiseführer (z.B.: von Dumont, Berlitz und Merian, 1997 bis 2000)

6. Gefahren und Folgen des Tourismus im Nahen Osten

Die Gefahren entstehen vor allem aus dem harten Tourismus, der sich nicht nur durch die ökologischen Folgen für die Reiseziele äußert, sondern eher eine Mischung aus Umwelt- und sozio-kulturellen Folgeproblemen darstellt.

Die negativen Auswirkungen auf den individuellen Erholungswert des Urlaubs und auf die soziale Umwelt des besuchten Landes ist als eine direkte Folge des harten Tourismus anzusehen.

Die größten Umweltschäden richten die Veränderungen der touristischen Gebiete an. Es werden künstliche Welten geschaffen, um die Touristen mit luxuriösen Hotels, erstklassigen Dienstleistungen und Animationen anzulocken.

Die schon vorhandene touristische Infrastruktur wird zur touristischen Suprastruktur aufgebaut, die man nur speziell für den Tourismus errichtet hat wie z.B. Freizeitanlagen, Tauchschulen und Kurhäuser.

Weitere Umweltprobleme, die der harte Tourismus hervorbringt, lassen sich in drei Teilgruppen unterteilen:

-*Verkehr und Transport*

-*Beherbergung*

-*Urlaubsaktivitäten*

Verkehr und Transport	**Beherbergung**	**Urlaubsaktivitäten**
-Brennstoffverbrauch -Luftverschmutzung -Lärmbelästigung -Natur und Landschaftszerstörung durch den Bau von Straßen	-Energieverbrauch -Wasserverbrauch -Müllentsorgung -Natur und Landschaftszerstörung durch den Bau von Hotelanlagen	-Verunreinigung durch Motorboote -Schäden an Korallenriffs durch Taucher -Schäden an der Natur durch Wintersportler

Quelle: Zusammengestellt nach Köhn, J.: Tourismus und Umwelt

Besonders in den Massentourismusgebieten sieht man die Folgen des harten Tourismus, die sich vor allem in der Infrastruktur mit dichtzugebauten Grundstücken, viel Beton und Stein, kaum Grünanlagen und schlechter Verkehrssituation widerspiegeln. Hier kann man auch von Zersiedlung der Landschaft sprechen.

Diese Situation ist besonders deutlich in Hurghada (Ägypten) und auf der Halbinsel Sinai (Sharm el Sheich), wo sich innerhalb von wenigen Jahren ein Massentourismus von ungeheuerer Größe entwickelt hat. Die Infrastruktur ist westlich orientiert, es gibt moderne Gebäude, wie Hotels, Tauchschulen und Touristenanlagen, die wie unnatürliche Landschaften große Teile der Küsten bedecken. Durch den großen Andrang von Touristen ist in Hurghada die Unterwasserwelt in dem Roten Meer so stark zerstört, dass der Regenerationsaufbau der zerstörten Riffe nur noch durch extrem sanften Tourismus über mehrere Jahrzehnte (wenn nicht sogar über Jahrhunderte) möglich ist

Die soziokulturellen Folgeprobleme des harten Tourismus werden vor allem in vielen Entwicklungsländern wie Ägypten deutlich, die oft den Tourismus als eine der Haupteinnahmequelle haben.

Um möglichst viele Touristen für sich zu gewinnen, nehmen viele besuchte Länder die Akkulturation in Kauf, d.h. das Land verliert die kulturellen Werte auf Kosten der meist kurzfristigen wirtschaftlichen Vorteile. Auch im Nahen Osten werden vor allem in den Hauptzentren des Tourismus die traditionellen Werte und Sitten über Bord geworfen. Es fängt bei der nicht Beachtung der traditionellen Feiertage an, denn die Touristen erwarten zu jeder Zeit guten Service und entsprechende Dienstleistungen. Die Einheimischen, die auf Arbeit und Geld angewiesen sind, müssen sich den Arbeitsverhältnissen (Arbeiten an Feiertagen, Dienstbekleidung, etc.) im Rahmen der meist von ausländischen Investoren geführten Betriebe (Hotels, Fluggesellschaften, Autovermietungen, Restaurants etc) anpassen.

Die Touristen konsumieren oft westliche Güter, was zu einem Devisenabfluss führt und sich langfristig negativ auf die Werte der heimischen Güter auswirkt.
Der freizügige Lebensstil der westlichen Touristen führt zum Verfall von Sitten und Moral (Prostitution, Drogen, Kriminalität, Alkoholismus, Bettelei, etc.).

Auch die Sozialstruktur des besuchten Landes wird durch die Zerstörung der Familienstruktur und der sozialen Hierarchien verändert.
Auf dem Weg zum Frieden und Verständnis für andere Kulturen, entwickelt sich ein Geflecht aus Mißtrauen, Vorurteilen und Terrorismus.
Ein weiteres Problem sind negative Folgen, die durch die Veranstalter der westlichen Welt entstehen. Die Veranstalter organisieren Pauschalreisen, die mit dem besuchten Land nichts zu tun haben. So haben sich für die gehobenen Ansprüche weitere Formen des Tourismus wie die sog. Ferienanlagen-, oder Cluburlaube entwickelt. Diese Urlaubsformen in relativ autarken Anlagen (mit Komplettangeboten und bestimmter „Clubphilosophie" bezüglich der Altersgruppe, der Verhaltensweise und der Animation) ermöglichen die „pure Erholung", ohne die Anlage verlassen, auf das heimische Essen verzichten, und das fremde Land sehen zu müssen. So wird den Gästen die Nähe zu den Menschen und zu der fremden Kultur über

Veranstaltungen in der Ferienanlage in Form von Folklore- Abenden, Kursen des traditionellen Handwerks etc. beigebracht. Die Gäste haben kein Kontakt zu der Umwelt, sie haben keine Möglichkeit, das fremde Land kennenzulernen. Es werden falsche Werte vermittelt und der Tourist lernt nicht, sich im fremden Land tolerant zu benehmen.

6.1. Umweltprobleme

Zerstörung der Wüsten

Wüsten sind zwar karge und unwirtliche Orte, aber ihre Schönheit und Großartigkeit sind unbestritten. Viele Menschen sind aber der Meinung, die Wüsten müßten bebaut und verändert werden. Die Förderung von Öl und Mineralien, das Weiden von Vieh, das Befahren von Gebieten abseits der Straßen und der Bau von Ortschaften und Städten sind einige der Faktoren, die die Wüstengebiete zerstören.

Tausende von Quadratkilometern Wüstenboden sind heute mit Häusern, Fabriken, Einkaufszentren, Straßen und Ackerflächen bedeckt. Durch die Verfügbarkeit von Wasser und Strom ist unsere Industriegesellschaft in der Lage, die Wüste zu 'zähmen': mit modernen Einrichtungen wie Klimaanlagen, Swimmingpools und schattigen Einkaufszentren.
Gerade für den Tourismus spielt dies eine besondere Rolle, denn durch die moderne Technik lassen sich die Wüstelandschaften in touristische Landschaften verwandeln. Der Wüstenboden ist wertvoll und fruchtbar, wenn er bewässert wird. Die Bewässerung von sehr 'durstigen' Pflanzen hat dazu geführt, dass in den Wüsten heute nicht mehr Kakteen und Wildblumen, sondern Dattelpalmen und Baumwollfelder wachsen. Neben den positiven Auswirkungen der Wüstenbewirtschaftung gibt es negative: intensive Bewirtschaftung kann zur Desertifikation, (das heißt zur Ausdehnung der Wüste) führen. Es werden künstliche Landschaften mit für die Wüsten untypischen Vegetationen errichtet, wie z. B. denen von Parkanlagen oder Golfplätze. Diese Vorgehensweise zerstört das empfindliche Ökosystem der Wüsten.

Motorsport

Es gibt auch sehr viele Dünenautos und Motorräder, die speziell für den Einsatz abseits der Straßen konstruiert wurden. Es werden Safaris und Wüstenrallys organisiert, die ohne

Rücksicht auf ökologische Schäden über die Dünen, Wadis und Wüstenpisten verlaufen und sowohl durch ihre Abgase und physikalisches Gewicht die Vegetation, die Luft und den Boden zerstören.

Jahrhundertelang waren die Wüsten das alleinige Eigentum von kleinen Wüstenstämmen, denen es gelang, trotz widriger Bedingungen zu überleben. Durch Autos, Lastkraftwagen und Flugzeuge ist es aber wesentlich leichter geworden, die Wüste zu erschließen. Sogar Satelliten werden eingesetzt, um weitere Gebiete mit Ressourcen zu lokalisieren. Bergbaugesellschaften ziehen wertvolle Mineralien aus dem Boden, wie Kupfer, Eisen, Salz und Uran und kümmern sich nur wenig um den Erhalt der Ökosysteme in den Wüsten. Auch Öl wurde in einigen Wüsten gefunden. Es hat einigen Staaten (besonders im Nahen Osten) sehr großes Reichtum gebracht.
Und gerade der Tourismus verstärkt erneut neben dem Bevölkerungswachstum die Ausbeutung und Zerstörung der Wüsten.

Schutz der Wüsten

Es ist ein weitverbreiteter Irrtum zu glauben, dass Wüsten nicht zerstört werden könnten. Man denkt: ein tropischer Regenwald kann abgeholzt und zerstört werden, Marschlandschaften können entwässert und zerstört werden. Aber eine Wüste? Dort gibt es doch nur Sand und Steine!

Das ist eine völlig falsche Sichtweise. In den Wüsten der Erde gibt es ein empfindliches ökologisches Gleichgewicht, und der Mensch kann die Schönheit und die Harmonie dieser Regionen leicht zerstören.
Ein grundlegender Gedanke des Wüstenschutzes besteht darin, dass die Wildnisgebiete Orte bleiben sollen, die der Mensch als Besucher betritt und wieder verläßt'. Jeder sollte dafür sorgen, dass er bei seinem Besuch keinerlei Spuren hinterläßt, damit auch der nächste Besucher das Gefühl der Einsamkeit und die ungetrübten Erholungsmöglichkeiten genießen kann, die die Wildnis bietet.

Das Wüstenschutzgesetz sperrt einen großen Teil der Gebiete für Zweiräder, Hanggleiter, Motorfahrzeuge, Schiffe und Flugzeuge und beschränkt außerdem das Jagen und Fischen. Auch das Sammeln von Feuerholz, Steinen, Mineralien und Pflanzen ist in diesen Gebieten nicht erlaubt.

Zerstörung der Meere

Durch die Nutzung der Meere für Freizeitaktivitäten der Touristen kommt es zur Zerstörung ihrer Ökosysteme.
Das Rote Meer, das mit einer der schönsten Unterwasserwelt der Erde Taucher und Schnorchler anlockt, ist durch den Massenwassersport besonders gefährdet.
An der Küste des Roten Meeres gibt es kaum einen touristischen Ort, der nicht ein Tauchcenter besitzt. Es ist unmöglich, alle diesen Anlagen auf die ökologische Vorgehensweise zu überprüfen und zu kontrollieren. So gibt es Tauchschulen, die unseriös arbeiten, billige Touren für die unaufgeklärten Touristen organisieren, und zur Zerstörung der Riffe beitragen.
Die großen Schnorchelgruppen werden von zu wenigen und unqualifizierten Führern betreut, die den Teilnehmern unzureichende Informationen über das ökologische Verhalten erteilen.
Die Touristen stellen sich auf die Riffe, reißen oder brechen Koralle ab und versuchen, Muscheln oder Koralle als Souvenirs aus dem Wasser mitzunehmen.
Aber auch die Taucher, die mal eben während des Urlaubes einen Tauch- Crash- Kurs gemacht haben, wissen viel zu wenig, um die empfindlichen Riffe nicht zu zerstören. So nutzen viele unerfahrene Taucher die Riffe zum Klettern, wenn sie zu müde sind.

6.2. Wasserversorgung und Tourismus

Die Tourismusbranche ist ein wichtiger Industriezweig, von dem wiederum andere Industriezweige und Dienstleistungssektoren abhängen und profitieren. Auf der anderen Seite verbraucht gerade die Tourismusbranche enorm viel Energie und Ressourcen; nicht zuletzt die wichtigste und knappste Ressource im Nahen Osten, das Wasser.
Aufgrund erhöhter Anforderungen der auf den Tourismus ausgerichteten Siedlungen, muss mehr Wasser angeschafft werden, als nur für die einheimische Bevölkerung nötig wäre. Für jeden Touristen werden pro Tag um die 550 l Wasser verwendet. Diese Menge beinhaltet allerdings auch die Bewässerung von Anlagen, Golfplätzen, Wäschereinen, Gewerbebetrieben

aller Art, die dem Tourismusbereich als Zulieferer dienen. Die Zahl von 550 l ist aber ein statistischer Durchschnitt und kann von Gebiet zu Gebiet schwanken, außerdem lässt sich der gesamte Verbrauch, der letztendlich von den Touristen benötigt wird, nicht genau bestimmen. Ein weiteres großes Problem im Nahen Osten ist die Wasserqualität, weil durch regelrechte Ausbeutung des Grundwassers der Grundwasserspiegel unter den Meeresspiegel fällt, so dass das Wasser brackig und salzig wird.

Eine Möglichkeit wäre die Gewinnung des Wassers aus dem Meer. Allerdings arbeiten die Entsalzungsanlagen teuer und umweltbelastend. So müssen zur Gewinnung von 100 l Süßwasser 6 l Öl verheizt werden. Für große Hotelzentren (wie in Sahrm el Scheich auf dem Sinai) ist die Bewässerung mit entsalztem Wasser auf Dauer keine Lösung, weil schon heute die Kapazitäten nicht ausreichen.

HARTES REISEN	**SANFTES REISEN**
Massentourismus	Einzel-, Familien- und Freundesreisen
Wenig Zeit	Viel Zeit
Schnelle Verkehrsmittel	Angemessene Verkehrsmittel
Festes Programm	Spontane Entscheidungen
Außengelenk	Innengelenkt
Importierter Lebensstil	Landesüblicher Lebensstil
„Sehenswürdigkeiten“	Erlebnisse
Bequem und passiv	Anstrengend und aktiv
Wenig oder keine geistige Vorbereitung	Vorhergehende Beschäftigung mit Reiseziel
Überlegenheitsgefühl	Lernfreude
Einkaufen (Shopping)	Geschenke bringen
Souvenirs	Erinnerungen, Aufzeichnungen, Erkenntnisse
Knipsen und Ansichtskarten	Fotografieren, Zeichnen, Malen
Neugier	Takt
Laut	Leise
Keine Fremdsprache	Sprachen lernen

Quelle: Jungk, 1980: S. 156

7. Fazit

In vielen Ländern des Nahen Ostens ist die Reisefreiheit oft eingeschränkt, es gibt Risiken und Gefahren. Aber generell ist das Reisen nicht mehr beschwerlich und auch nicht gefährlich.

Die Anschläge auf die Touristen täuschen, denn eigentlich sind sie im Nahen Osten willkommen, und dies besonders wenn man berücksichtigt, dass sie für einen breiten Anteil der einheimischen Bevölkerung die einzige Quelle der Existenzsicherung darstellen. Aber man muss sich orientieren, wohin man startet. Das hat auch sein Gutes. Wer sich vorher gut informiert hat, profitiert am Ende mehr von der Reise - und die Besuchten möglicherweise auch.

Durch die Erschließung des Nahen Ostens ist es möglich, die Wüsten zu durchqueren und in die traumhaften Landschaften einzutauchen.

Die Länder des Nahen Ostens sind immer noch von mystischen Legenden umwoben, reich an geheimnisvollen, orientalischen Abenteuern und gerade deshalb so interessant für die Tourismusbranche, denn diese Tatsache bietet den Veranstaltern eine neue Völle an Möglichkeiten an, unvergessliche Urlaubsreisen zu organisieren.

Der Tourismus ist ein Wirtschaftszweig, der selbstverständlich durch wirtschaftliche Interessen beeinflusst wird. In den Zukunftsprognosen spielt die Touristikbranche eine bedeutende wirtschaftliche Rolle, die noch wichtiger werden wird. Das ständige Wachstum und die große Nachfrage fordern immer mehr neue und interessante Ziele, die sich durch eine qualitativ gute Umwelt auszeichnen. Diese Räume werden immer seltener, da sie durch Massenhaftigkeit und Konzentration schnell zu einem unbrauchbaren Folgeprodukt werden. Um die Tourismusbranche als einen wichtigen Faktor der Wirtschaft zu erhalten, muss daher die Umwelt geschont werden. Außerdem müssen die Sättigungsgrenzen der Regionen festgelegt und sinnvolle Nutzungspläne eingeleitet werden. Nur auf diese Weise ist es möglich, den sanften Tourismus zu entwickeln, denn ein Projekt, das sich gut in einer Region entwickelt hat, könnte in einer anderen nicht funktionieren und eine ökologische Krise auslösen.

8. Quellen und weiterführende Literatur:

- FERCHEL D. (1995): *Jemen und Oman.* Beck`sche Reihe; 858: Länder. München
- FREYER, W. (1995): *Tourismus: Einführung in die Fremdenverkehrsökonomie.* Oldenburg
- GEO SPECIAL Nr. 6, Dezember 1999: *Arabien.* Gruner + Jahr AG& Co, Druck- und Verlagshaus. Hamburg
- GRUPPE NEUES REISEN (1994): *Massentourismus- ein reizendes Thema.* Berlin, Osnabrück, Hannover
- ISRAEL MINISTRY OF TOURISM (Hrsg.) (1999): *Reiseführer Israel.* Printed in Israel, by Meine Press
- KETER PUBLISHING HOUSE LTD. (Hrsg.) (1972): *Tatsachen über Israel 1972.* Gedruckt und gebunden in Israel
- KNIET, D. (1992): *Jordanien.* Stuttgart
- KÖHN, J (Hrsg.): *Tourismus und Umwelt.* Analytica. Berlin
- KÖNDGEN, O. (1999): *Jordanien.* Beck`sche Reihe; 865: Länder. München
- MERTZ, B. A. (1991): *Ägypten.* Goldmann Verlag. München
- STAATLICHES ISAELISCHES VERKEHRSBÜRO (1999): *Israel- Ein Reisejournal.* Frankfurt
- STEINECKE, A. (Hrsg.) (1995): *Tourismus und nachhaltige Entwicklung. Strategien und Ansätze.* Europäisches Tourismus Institut GmbH an der Universität Trier
- SULTANATE OMAN INFOMATIONSMINISTERIUM (Hrsg.) (1992): *Oman `92*
- WILLEITNER J./ DOLLHOPF H. (1996): *Jordanien Reiseführer.* Hirmer Verlg. München

Internet:

www.tagesspiegel.de/archiv/1997/09/27/egypt2.htm

www.israel.de/blickpunkt/wasser.html

www.israel-info.de

www.israelpoint.com/deutsch/General/data.htm

www.bg-bab.ac.at/jordan/german/geograph.htm

www.touristikreport.de/archiv/airlines/4088.html

www.aegypten-online.de/land.htm

www.aegypteninfo.de/heute.htm

www.tages-anzeiger.ch/reisen/nahost/nahost143952.htm